MINISTÈRE DE L'AGRICULTURE

DIRECTION DE L'AGRICULTURE

ATLAS
DE
STATISTIQUE AGRICOLE

RÉSULTATS GÉNÉRAUX
DES STATISTIQUES AGRICOLES DÉCENNALES
DE 1882 ET DE 1892

PARIS
IMPRIMERIE NATIONALE

M DCCC XCVII

ATLAS

DE

STATISTIQUE AGRICOLE

MINISTÈRE DE L'AGRICULTURE

DIRECTION DE L'AGRICULTURE

ATLAS

DE

STATISTIQUE AGRICOLE

RÉSULTATS GÉNÉRAUX

DES STATISTIQUES AGRICOLES DÉCENNALES

DE 1882 ET DE 1892

PARIS

IMPRIMERIE NATIONALE

M DCCC XCVII

NOTE EXPLICATIVE.

Cet Atlas renferme 20 planches, dont 2 diagrammes et 62 cartes, concernant les Cultures, les Animaux et l'Économie rurale, d'après les chiffres relevés dans les Statistiques agricoles décennales de 1882 et de 1892. Les titres de ces cartes nous paraissent en indiquer suffisamment la signification, mais nous croyons nécessaire de dire un mot d'abord de leur mode d'établissement.

Chacune de ces cartes comporte cinq teintes correspondant à l'intensité décroissante, par groupe de départements, du fait observé. La troisième teinte représente l'intensité moyenne de ce fait et les quatre autres, l'intensité, à deux degrés, supérieure et inférieure à la moyenne. La détermination des cinq catégories correspondant à ces cinq teintes a été effectuée en fonction des différences maxima que présentait la série des chiffres départementaux : c'est calculer, suivant l'expression de Quételet, les déviations de la moyenne. Ce procédé, apprécié plus d'une fois dans les statistiques officielles, nous a paru le meilleur pour conserver au développement des faits, dans l'espace, son allure vraie, en d'autres termes pour localiser, de la manière la plus rapprochée de la réalité, la série des faits observés.

Quant au choix même des éléments mis en cause, une observation paraît indispensable, pour en expliquer la portée. Les chiffres, éléments des cartes, concernent exclusivement les années 1882 et 1892. Il y aurait eu certainement intérêt dans certains cas à se servir des moyennes périodiques, mais ce procédé n'a pu être employé.

Nous rappellerons d'abord que les superficies, la répartition de la population agricole, celle de la population animale, ainsi que certains relevés dans lesquels intervient l'action de l'homme (mouvements beaucoup plus réguliers qu'on ne croit), subissent dans le temps des mouvements, contraires parfois, mais *continus*. Il en résulte que, dans un espace de temps donné, de 1882 à 1892 par exemple, on peut considérer le chiffre terminal de la période comme le résultat final des mouvements différentiels qui se sont produits entre 1882 et 1892. Dans ce cas, le plus général, non seulement les résultats relevés pour ces deux années ont leur valeur propre en tant que résultats annuels, mais encore on peut en déduire un mouvement d'augmentation ou de diminution du commencement à la fin de la période considérée.

Il n'en est pas ainsi des récoltes qui, par leur caractère accidentel, peuvent affecter une marche désordonnée. L'année 1892 est significative à cet égard, notamment pour le froment (cartes n°s 9 et 10) et pour celle des fourrages (cartes n°s 27 et 28). Les moyennes périodiques annuelles connues nous permettent, en effet, de reconnaître qu'en France la production du froment et des fourrages est en voie d'augmentation de 1882 à 1896, malgré les mauvaises récoltes de 1891 pour le blé et de 1892 et surtout de 1893 pour les fourrages, tandis que les chiffres de l'année 1892, par rapport à ceux de 1882, accusent une diminution, simplement parce que l'année 1892 pour le froment a été un peu moins supérieure que 1882 à la récolte moyenne décennale et que, pour les fourrages, 1892 a été inférieure à la moyenne. Les chiffres pour ces deux récoltes de 1882 à 1892 ont donc toujours leur valeur propre en tant que chiffres annuels, mais il n'y a pas lieu de les rapprocher pour en déduire un mouvement de diminution pendant la période.

Il nous reste à dire pourquoi il était impossible de se servir pour cet atlas des chiffres moyens périodiques.

1° Tout d'abord, les chiffres annuels relevés depuis vingt-cinq ans (à part les céréales et les pommes de terre relevées depuis 1815) ne concernent que les betteraves fourragères et à sucre, les vignes, les prairies artificielles et naturelles, les cultures industrielles et, depuis quelques années, les espèces animales (nombre de têtes). Ils ne représentent donc pas tous les éléments de la production agricole.

2° Les statistiques annuelles ont une autre origine que les statistiques agricoles décennales, dont la totalisation et le moyennage reposent sur plusieurs millions d'observations centralisées par le Ministère de l'agriculture, tandis que les résultats consignés dans les statistiques annuelles sont transmises en bloc, pour tout un département, par l'intermédiaire de MM. les Préfets. De là des inégalités inévitables.

Ces inégalités se compensent dans les résultats globaux pour la France entière, que l'on peut dès lors utiliser, et l'on trouvera dans l'Introduction du volume de la Statistique agricole décennale de 1892 les moyennes comparatives d'un certain nombre de récoltes dans les deux périodes 1876-1885 et 1886-1895, mais, dans un atlas où il s'agit de résultats *départementaux*, ce procédé présenterait de véritables inconvénients.

3° On remarquera que, pour rendre véritablement comparables les surfaces ou les rendements, on les a tous rapportés proportionnellement à une commune mesure (100 hectares de terres labourables, 100 hectares de la superficie cultivée, etc.); or, une partie des éléments de cette commune mesure faisait lacune, comme on l'a dit ci-dessus, dans la statistique agricole annuelle, dont il y aurait eu lieu de tirer les moyennes annuelles périodiques.

Telles sont les raisons qu'il nous a paru nécessaire de développer pour dégager vis-à-vis du lecteur la véritable portée de certaines cartes que renferme cet atlas.

TABLE DES PLANCHES.

(2 DIAGRAMMES ET 62 CARTES.)

NUMÉROS DES PLANCHES.	NUMÉROS DES CARTES.	NATURE DES CARTES.
XIII	35	Rapports, à 10,000 hectares des terres labourables, de la production totale des cultures textiles en 1882.
	36	de la production totale des cultures textiles en 1892.
	37	Rapports à 10,000 hectares des terres labourables, de la production totale des cultures oléagineuses en 1882.
	38	de la production totale des cultures oléagineuses en 1892.
XIV	39	Répartition de la superficie des jardins consacrés à la vente en 1882.
	40	Répartition de la superficie des jardins consacrés à la vente en 1892.
	41	Évaluation par hectare de la production, en 1892, des jardins maraîchers et potagers consacrés à la vente.
	42	Évaluation par hectare de la production, en 1892, des pépinières.
		B. — ANIMAUX.
XV	43	Rapports, à 100 hectares des terres labourables, des prairies artificielles et des prés et herbages, du poids vif total de l'ensemble des animaux de ferme, en 1882.
	44	Rapports, à 100 hectares des terres labourables, des prairies artificielles et des prés et herbages, du poids vif total de l'ensemble des animaux de ferme, en 1892.
XVI	45	Rapports, à 100 hectares du territoire total, du nombre de têtes des espèces chevaline, asine et mulassière en 1882.
	46	du nombre de têtes des espèces chevaline, asine et mulassière en 1892.
	47	du nombre de têtes de l'espèce bovine en 1882.
	48	du nombre de têtes de l'espèce bovine en 1892.
XVII	49	Rapports, à 100 hectares du territoire total, du nombre de têtes de l'espèce ovine en 1882.
	50	du nombre de têtes de l'espèce ovine en 1892.
	51	du nombre de têtes de l'espèce porcine en 1882.
	52	du nombre de têtes de l'espèce porcine en 1892.
XVIII	53	Rapports, à 100 habitants de la population générale, de la viande de boucherie provenant des espèces bovine, ovine, porcine et caprine, en 1882.
	54	Rapports, à 100 habitants de la population générale, de la viande de boucherie provenant des espèces bovine, ovine, porcine et caprine, en 1892.
		C. — ÉCONOMIE RURALE.
XIX	55	Rapports, p. 100 à la population générale, de la population agricole en 1881.
	56	à la population générale, de la population agricole en 1891.
	57	à la population des travailleurs agricoles, du nombre des chefs d'exploitation en 1892.
	58	à la population des travailleurs agricoles, du nombre des salariés en 1892.
XX	59	Étendue moyenne des cultures : très petite exploitation (— 1 hectare), en 1892.
	60	petite exploitation (1 à 10 hectares), en 1892.
	61	moyenne exploitation (10 à 40 hectares), en 1892.
	62	grande exploitation (+ 40 hectares), en 1892.
XX	62	

A
CULTURES

MINISTÈRE DE L'AGRICULTURE.

Direction de l'Agriculture.

RÉPARTITION PROPORTIONNELLE DES PRINCIPALES SUPERFICIES DU TERRITOIRE EN 1882 ET EN 1892. (1ère Feuille).

TERRES LABOURABLES — SUPERFICIES CULTIVÉES — TERRITOIRE TOTAL.

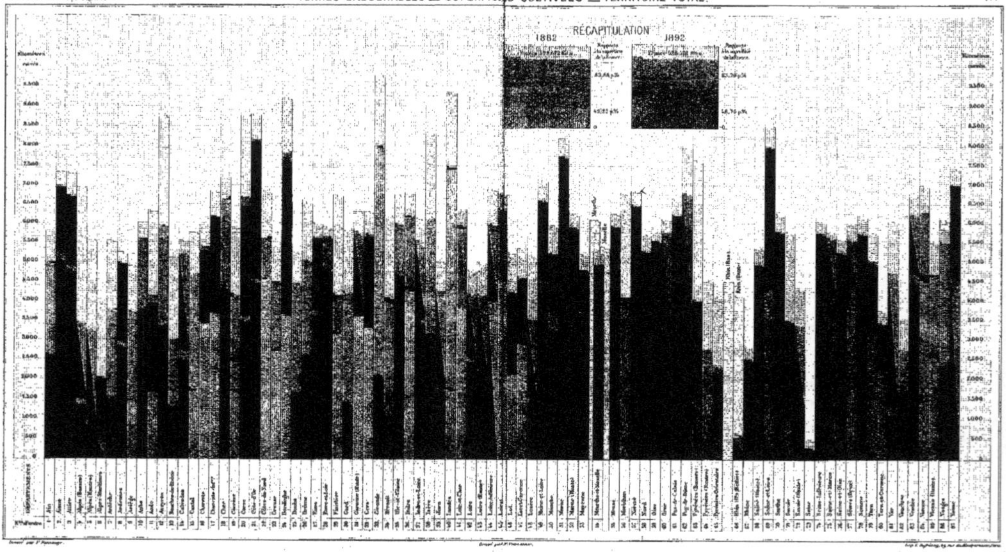

Album de Statistique Agricole — Pl. II

MINISTÈRE DE L'AGRICULTURE.

Direction de l'Agriculture.

RÉPARTITION PROPORTIONNELLE DES PRINCIPALES SURFICIES DU TERRITOIRE EN 1882 ET EN 1892. (2ème Feuille).

SUPERFICIE NON CULTIVÉE — TERRITOIRE NON AGRICOLE — TERRITOIRE TOTAL

RÉCAPITULATION

1882	Rapports à la superficie de la France.	1892	Rapports à la superficie de la France
France 528,572 Kil. c.		France 528,572 Kil. c.	
Superficie non cultivée 62,525 Kil. c.	11.83 p%	Superficie non cultivée 62,262 Kil. c.	11.78 p%
Territoire non agricole 20,605 Kil. c.	4.29 p%	Territoire non agricole 23,893 Kil. c.	4.52 p%

Échelles { Diagramme: Un millimètre carré pour 10 kilomètres carrés ou 1000 hectares. Récapitulation: Un millimètre carré pour 300 kilomètres carrés ou 30.000 hectares.

Superficie non cultivée: en 1882 — en 1892 — en 1882 et 1892

Territoire non agricole: en 1882 — en 1892 — en 1882 et 1892

Superficie des Départements

Nota: Dans ce diagramme les teintes sont superposées et partent toutes de la base 0.

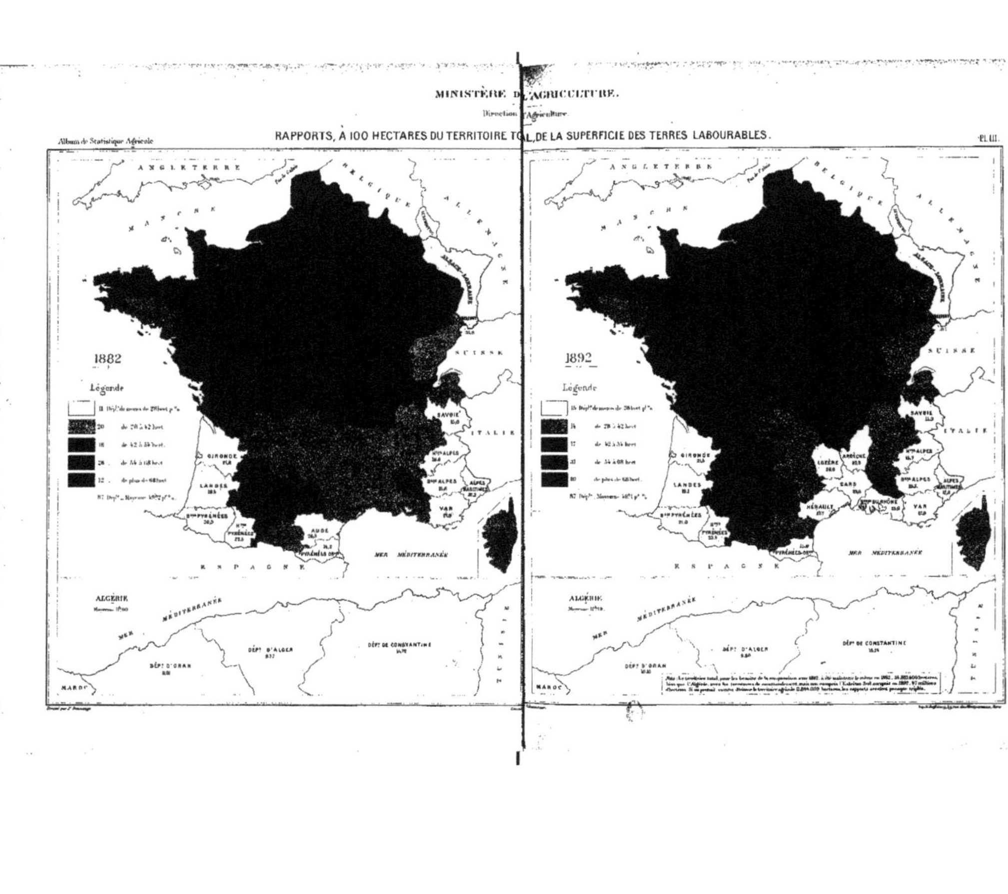
MINISTÈRE DE L'AGRICULTURE.
Direction de l'Agriculture.
Album de Statistique Agricole
RAPPORTS, À 100 HECTARES DU TERRITOIRE TOTAL, DE LA SUPERFICIE DES TERRES LABOURABLES.
Pl. III.
ANGLETERRE
BELGIQUE
ALLEMAGNE
SUISSE
ITALIE
ESPAGNE
MER MÉDITERRANÉE
1882
Légende
GIRONDE
LANDES
SAVOIE
VAR
AUDE
ALGÉRIE
MÉDITERRANÉE
DÉPT D'ORAN
DÉPT D'ALGER
DÉPT DE CONSTANTINE
MAROC
1892
Légende
GIRONDE
LANDES
SAVOIE
LOZÈRE
ARDÈCHE
GARD
HÉRAULT
VAR
ALGÉRIE
MÉDITERRANÉE
DÉPT D'ORAN
DÉPT D'ALGER
DÉPT DE CONSTANTINE
MAROC

MINISTÈRE DE L'AGRICULTURE.

Direction de l'Agriculture.

Album de Statistique Agricole

RAPPORTS, À 100 HECTARES DU TERRITOIRE TOTAL, DE LA SUPERFICIE DES VIGNES.

Pl. IX

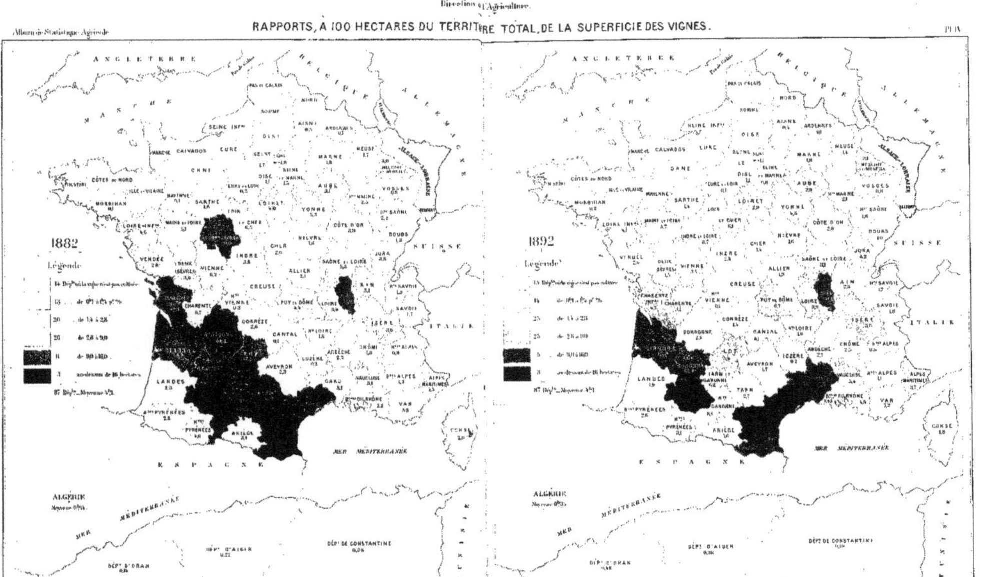

MINISTÈRE DE L'AGRICULTURE.

Direction de l'Agriculture

Album de Statistique Agricole

RAPPORTS, À 100 HECTARES DU TERRITOIRE TOTAL, DE LA SUPERFICIE DES BOIS.

Pl. V.

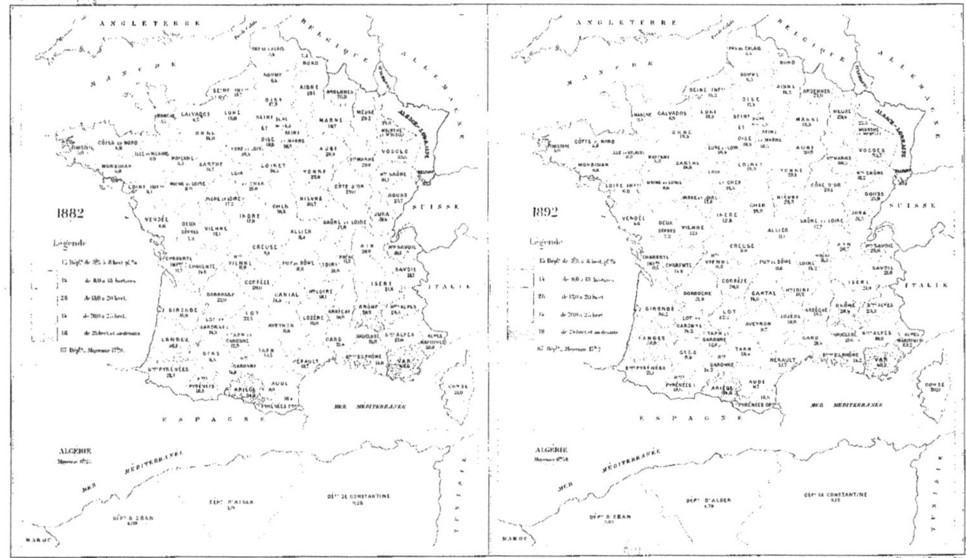

MINISTÈRE DE L'AGRICULTURE.

Direction de l'Agriculture

Album de Statistique Agricole. PL. VI.

RAPPORTS, À 100 HECTARES DES TERRES LABOURABLES, 1°_DE LA SUPERFICIE EN FROMENT, 2°_DE LA PRODUCTION TOTALE DU FROMENT.

DÉPARTEMENTS

1_ Rapports, à 100 hectares des terres labourables, de la superficie en Froment.

1882

Légende

1892

Légende

ANGLETERRE

MANCHE

BELGIQUE

ALLEMAGNE

SUISSE

ITALIE

ESPAGNE

MÉDITERRANÉE

ALGÉRIE

Alger

Oran

Constantine

TUNISIE

2_ Rapports, à 100 hectares des terres labourables, de la production totale du Froment.

1882

Légende

1892

Légende

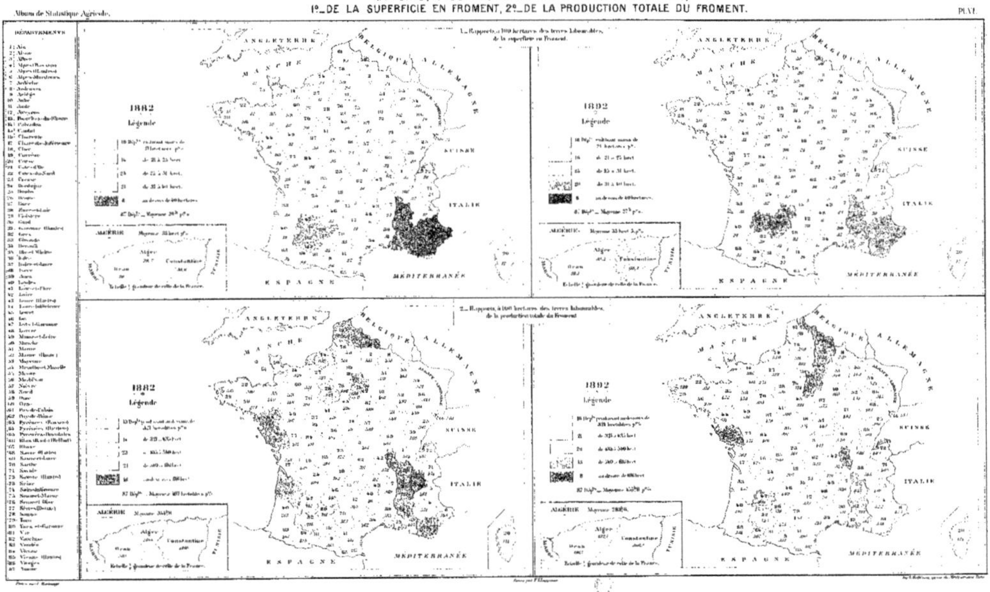

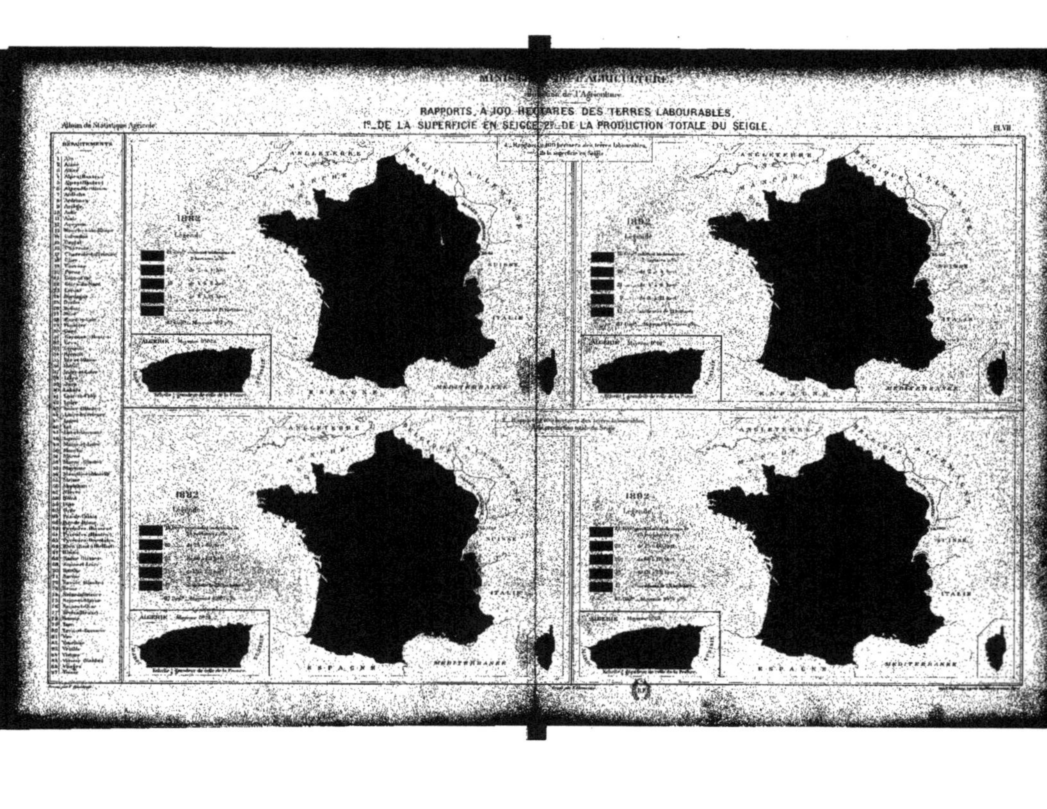

RAPPORTS, A 100 HECTARES DES TERRES LABOURABLES,
1°_DE LA SUPERFICIE EN SEIGLE 2°_DE LA PRODUCTION TOTALE DU SEIGLE.
Album de Statistique Agricole
Pl. VII.
DÉPARTEMENTS
ANGLETERRE
MANCHE
BELGIQUE
ALLEMAGNE
SUISSE
ITALIE
ESPAGNE
MÉDITERRANÉE
1882
Légende
1892
Légende
ALGÉRIE

MINISTÈRE DE L'AGRICULTURE.

Direction de l'Agriculture.

RAPPORTS, À 100 HECTARES DES TERRES LABOURABLES, 1°_DE LA SUPERFICIE EN ORGE, 2°_DE LA PRODUCTION TOTALE DE L'ORGE.

1°_ Rapports, à 100 hectares des terres labourables de la superficie en Orge

1882

Légende

1892

Légende

2°_ Rapports, à 100 hectares des terres labourables, de la production totale de l'Orge

1882

Légende

1892

Légende

ANGLETERRE

MANCHE

BELGIQUE

ALLEMAGNE

SUISSE

ITALIE

ESPAGNE

MÉDITERRANÉE

ALGÉRIE

Album de Statistique Agricole.

PL. IX.

MINISTÈRE DE L'AGRICULTURE.

Direction de l'Agriculture

RAPPORTS, À 100 HECTARES DES TERRES LABOURABLES.
1°_DE LA SUPERFICIE EN AVOINE, 2°_DE LA PRODUCTION TOTALE DE L'AVOINE.

1_ Rapports, à 100 hectares des terres labourables, de la superficie en Avoine.

2_ Rapports, à 100 hectares des terres labourables, de la production totale de l'Avoine.

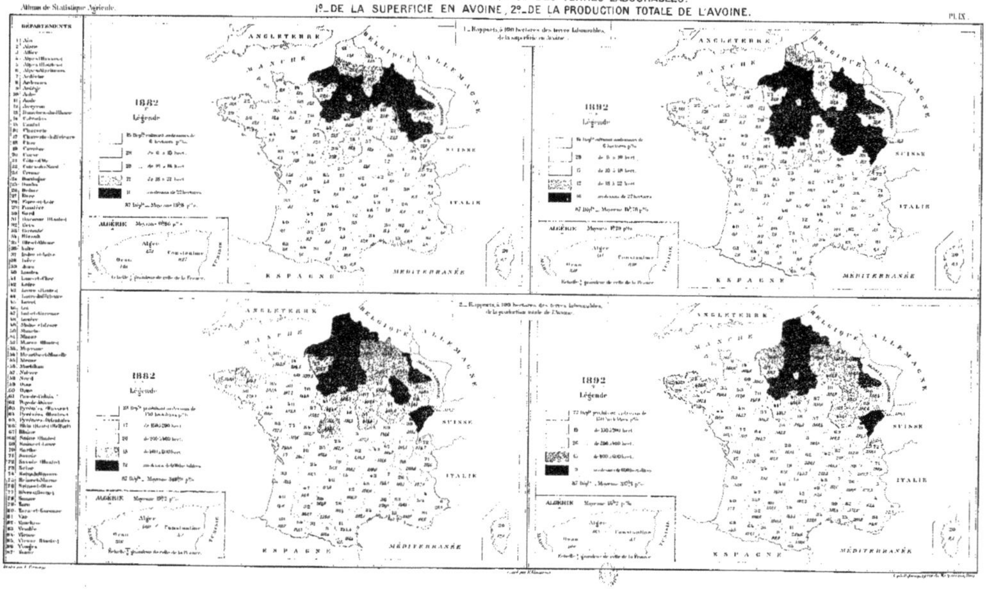

Album de Statistique Agricole. Pl. X

MINISTÈRE DE L'AGRICULTURE.

Direction de l'Agriculture.

RAPPORTS, À 100 HECTARES DES TERRES LABOURABLES, 1° DE LA SUPERFICIE EN POMMES DE TERRE, 2° DE LA PRODUCTION TOTALE DES POMMES DE TERRE.

1° Rapports, à 100 hectares des terres labourables, de la superficie en Pommes de terre.

1882 — Légende

1892 — Légende

2° Rapports, à 100 hectares des terres labourables, de la production totale des Pommes de terre.

1882 — Légende

1892 — Légende

MINISTÈRE DE L'AGRICULTURE.

Direction de l'Agriculture

1°. RAPPORTS, À 100 HECTARES DES TERRES LABOURABLES, DE LA PRODUCTION TOTALE DES PRAIRIES ARTIFICIELLES.
2°. RAPPORTS, À 100 HECTARES DE LA SUPERFICIE CULTIVÉE, DE LA PRODUCTION TOTALE DES PRÉS ET HERBAGES.

1°. Rapports, à 100 hectares des terres labourables, de la production totale des Prairies artificielles.

1882

Légende

ALGÉRIE

Alger

Oran

Constantine

ANGLETERRE

MANCHE

BELGIQUE

ALLEMAGNE

SUISSE

ITALIE

ESPAGNE

MÉDITERRANÉE

1892

Légende

2°. Rapports, à 100 hectares de la superficie cultivée de la production totale des Prés et Herbages.

1882

Légende

1892

Légende

MINISTÈRE DE L'AGRICULTURE.

Direction de l'Agriculture

RAPPORTS, À 100 HECTARES DES TERRES LABOURABLES, 1°_DE LA PRODUCTION TOTALE DES BETTERAVES FOURRAGÈRES, 2°_DE LA PRODUCTION TOTALE DES BETTERAVES À SUCRE.

1°_ Rapports à 100 hectares des terres labourables, de la production totale des Betteraves fourragères.

1882 — Légende

ANGLETERRE — MANCHE — BELGIQUE — ALLEMAGNE — SUISSE — ITALIE — ESPAGNE — MÉDITERRANÉE

ALGÉRIE — Alger — Oran — Constantine — TUNISIE

1892 — Légende

ALGÉRIE — Alger — Oran — Constantine — TUNISIE

2°_ Rapports à 100 hectares des terres labourables, de la production totale des Betteraves à Sucre.

1882 — Légende

ALGÉRIE — Alger — Oran — Constantine — TUNISIE

1892 — Légende

ALGÉRIE — Alger — Oran — Constantine — TUNISIE

MINISTÈRE DE L'AGRICULTURE.

Direction de l'Agriculture.

RAPPORTS, À 10.000 HECTARES DES TERRES LABOURABLES, 1°. DE LA PRODUCTION TOTALE DES CULTURES TEXTILES, 2°. DE LA PRODUCTION TOTALE DES CULTURES OLÉAGINEUSES.

Album de Statistique Agricole. Pl. XIII.

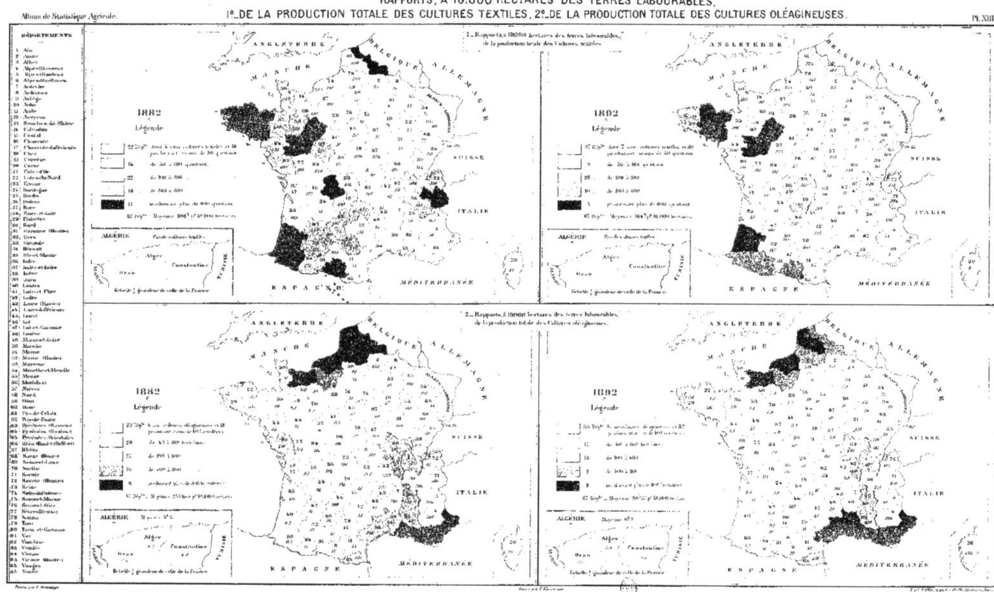

MINISTÈRE DE L'AGRICULTURE.

Direction de l'Agriculture

1._RÉPARTITION PROPORTIONNELLE DE LA SUPERFICIE DES JARDINS CONSACRÉS À LA VENTE.
2._ÉVALUATION, PAR HECTARE, DE LA PRODUCTION DES JARDINS MARAÎCHERS ET POTAGERS CONSACRÉS À LA VENTE.
3._ÉVALUATION, PAR HECTARE, DE LA PRODUCTION DES PÉPINIÈRES.

1._Répartition proportionnelle de la superficie des jardins consacrés à la vente.

1882 Légende

1892 Légende

2._Évaluation par hectare de la production des jardins maraîchers et potagers consacrés à la vente.

1892 Légende

3._Évaluation par hectare de la production des Pépinières.

1892 Légende

B

ANIMAUX

MINISTÈRE DE L'AGRICULTURE.

Direction de l'Agriculture.

Album de Statistique Agricole

PL. XV.

RAPPORTS, À 100 HECTARES DES TERRES LABOURABLES, DES PRAIRIES ARTIFICIELLES ET DES PRÉS ET HERBAGES, DU POIDS VIF TOTAL DE L'ENSEMBLE DES ANIMAUX DE FERME.

1882

Légende

17 Dép^{ts} de moins de 16.000 kil. pour 100 hectares

17 de 16.000 à 19.000 kil.

26 de 19.000 à 21.000 kil.

14 de 21.000 à 25.000 kil.

13 de plus de 25.000 kil.

87 Dép^{ts} Moyenne 19.596 kil.

ANGLETERRE — MANCHE — BELGIQUE — ALLEMAGNE — SUISSE — ITALIE — ESPAGNE — MER MÉDITERRANÉE

ALGÉRIE

MER MÉDITERRANÉE

DÉP^{T} D'ORAN — DÉP^{T} D'ALGER — DÉP^{T} DE CONSTANTINE

MAROC

1892

Légende

16 Dép^{ts} de moins de 16.000 kil. pour 100 hectares

16 de 16.000 à 19.000 kil.

29 de 19.000 à 21.000 kil.

20 de 21.000 à 25.000 kil.

16 de plus de 25.000 kil.

87 Dép^{ts} Moyenne 20.183 kil.

ANGLETERRE — MANCHE — BELGIQUE — ALLEMAGNE — SUISSE — ITALIE — ESPAGNE — MER MÉDITERRANÉE

ALGÉRIE

MER MÉDITERRANÉE

DÉP^{T} D'ORAN — DÉP^{T} D'ALGER — DÉP^{T} DE CONSTANTINE

MAROC

MINISTÈRE DE L'AGRICULTURE.

Direction de l'Agriculture

RAPPORTS À 100 HECTARES DU TERRITOIRE TOTAL, 1°_DU NOMBRE DE TÊTES DES ESPÈCES CHEVALINE, ASINE ET MULASSIÈRE, 2°_DU NOMBRE DE TÊTES DE L'ESPÈCE BOVINE.

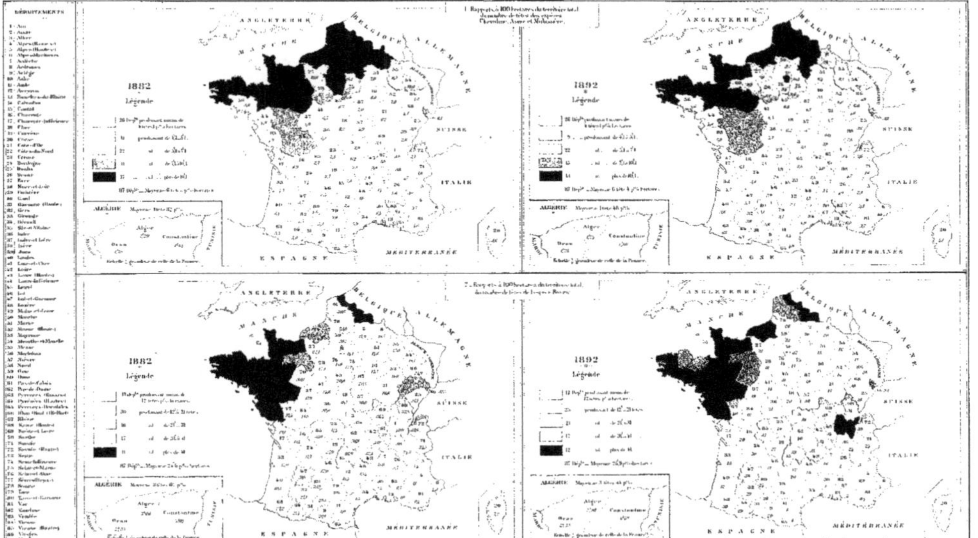

MINISTÈRE DE L'AGRICULTURE.

Direction de l'Agriculture.

Album de Statistique Agricole. Pl. XVII.

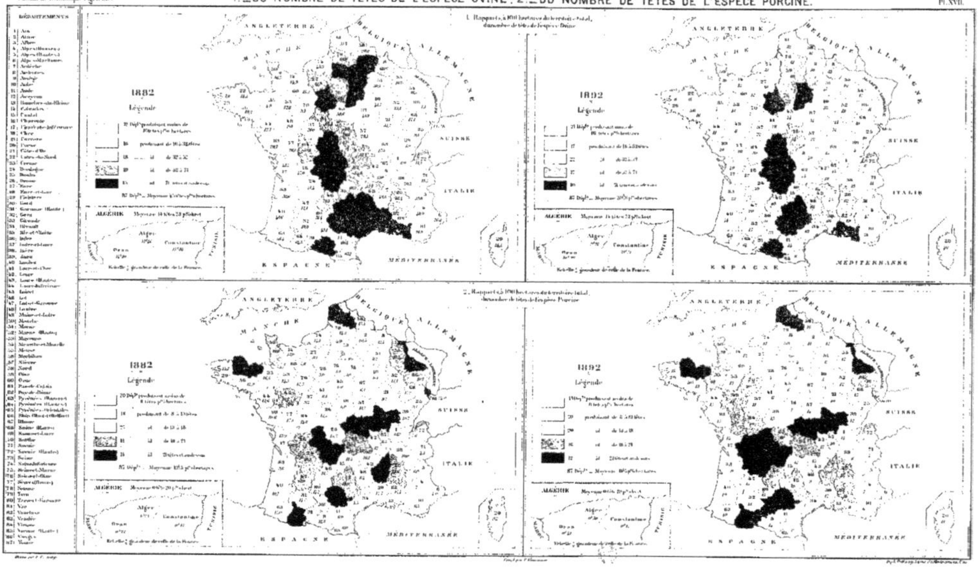

RAPPORTS À 100 HECTARES DU TERRITOIRE TOTAL,
1°_ DU NOMBRE DE TÊTES DE L'ESPÈCE OVINE. 2°_ DU NOMBRE DE TÊTES DE L'ESPÈCE PORCINE.

DÉPARTEMENTS

1882

Légende

ANGLETERRE

MANCHE

BELGIQUE

ALLEMAGNE

SUISSE

ITALIE

ESPAGNE

MÉDITERRANÉE

ALGÉRIE

1892

Légende

2° Rapports à 100 hectares du territoire total, du nombre de têtes de l'espèce Porcine.

1882

Légende

1892

Légende

MINISTÈRE DE L'AGRICULTURE.

Direction de l'Agriculture

RAPPORTS, À 100 HABITANTS DE LA POPULATION GÉNÉRALE, DE LA VIANDE DE BOUCHERIE PROVENANT DES ESPÈCES BOVINE, OVINE, PORCINE ET CAPRINE.

(Unité — Tonne de 1000 Kilogrammes)

1882

Légende

24 Dép^ts de moins de 2^t,5 p^r %.
16 de 2^t,5 à 2^t,8
25 de 2^t,8 à 3^t,3.
13 de 3^t,3 à 4^t,0
9 de plus de 4^t,0.
87 Dép^ts _ Moyenne 3^t,3.

ANGLETERRE
MANCHE
BELGIQUE
ALLEMAGNE
SUISSE
ITALIE
ESPAGNE
MER MÉDITERRANÉE
MAYENNE
VENDÉE
DEUX SÈVRES
INDRE
CREUSE
NIÈVRE
SAÔNE ET LOIRE
H^te SAVOIE
SAVOIE
ISÈRE
CHARENTE INF^re
CHARENTE
DORDOGNE
LOT
AVEYRON
LOZÈRE
ARDÈCHE
B^ses ALPES
LANDES
TARN ET GARONNE
TARN
GERS
ARIÈGE
CORSE

ALGÉRIE

MER MÉDITERRANÉE
DÉP^T D'ORAN
DÉP^T D'ALGER
DÉP^T DE CONSTANTINE
MAROC
TUNISIE

1892

Légende

12 Dép^ts de moins de 2^t,5 p^r %.
18 de 2^t,5 à 2^t,8
22 de 2^t,8 à 3^t,3.
24 de 3^t,3 à 4^t,0
11 de plus de 4^t,0.
87 Dép^ts _ Moyenne 3^t,5.

ANGLETERRE
MANCHE
BELGIQUE
ALLEMAGNE
SUISSE
ITALIE
ESPAGNE
MER MÉDITERRANÉE
MAYENNE
VENDÉE
NIÈVRE
H^te SAVOIE
SAVOIE
DORDOGNE
LOZÈRE
ARDÈCHE
LANDES
GERS
ARIÈGE
CORSE

ALGÉRIE

MER MÉDITERRANÉE
DÉP^T D'ORAN
DÉP^T D'ALGER
DÉP^T DE CONSTANTINE
MAROC
TUNISIE

C

ÉCONOMIE RURALE

MINISTÈRE DE L'AGRICULTURE.

Direction de l'Agriculture.

1°_ RAPPORTS P.R %, À LA POPULATION GÉNÉRALE, DE LA POPULATION AGRICOLE,
2°_ RAPPORTS P.R %, À LA POPULATION DES TRAVAILLEURS AGRICOLES, DU NOMBRE DES CHEFS D'EXPLOITATION,
3°_ RAPPORTS P.R %, À LA POPULATION DES TRAVAILLEURS AGRICOLES, DU NOMBRE DES SALARIÉS.

DÉPARTEMENTS

1 Ain
2 Aisne
3 Allier
4 Alpes (Basses-)
5 Alpes (Hautes-)
6 Alpes-Maritimes
7 Ardèche
8 Ardennes
9 Ariège
10 Aube
11 Aude
12 Aveyron
13 Bouches-du-Rhône
14 Calvados
15 Cantal
16 Charente
17 Charente-Inférieure
18 Cher
19 Corrèze
20 Corse
21 Côte-d'Or
22 Côtes-du-Nord
23 Creuse
24 Dordogne
25 Doubs
26 Drôme
27 Eure
28 Eure-et-Loir
29 Finistère
30 Gard
31 Garonne (Haute-)
32 Gers
33 Gironde
34 Hérault
35 Ille-et-Vilaine
36 Indre
37 Indre-et-Loire
38 Isère
39 Jura
40 Landes
41 Loir-et-Cher
42 Loire
43 Loire (Haute-)
44 Loire-Inférieure
45 Loiret
46 Lot
47 Lot-et-Garonne
48 Lozère
49 Maine-et-Loire
50 Manche
51 Marne
52 Marne (Haute-)
53 Mayenne
54 Meurthe-et-Moselle
55 Meuse
56 Morbihan
57 Nièvre
58 Nord
59 Oise
60 Orne
61 Pas-de-Calais
62 Puy-de-Dôme
63 Pyrénées (Basses-)
64 Pyrénées (Hautes-)
65 Pyrénées-Orientales
66 Rhin (Haut-) (Belfort)
67 Rhône
68 Saône (Haute-)
69 Saône-et-Loire
70 Sarthe
71 Savoie
72 Savoie (Haute-)
73 Seine
74 Seine-Inférieure
75 Seine-et-Marne
76 Seine-et-Oise
77 Sèvres (Deux-)
78 Somme
79 Tarn
80 Tarn-et-Garonne
81 Var
82 Vaucluse
83 Vendée
84 Vienne
85 Vienne (Haute-)
86 Vosges
87 Yonne

1°_ Rapports p.r % à la population générale, de la population agricole.

2°_ Rapports p.r % à la population des travailleurs agricoles, du nombre des chefs d'exploitation.

3°_ Rapports p.r % à la population des travailleurs agricoles, du nombre des salariés.

MINISTÈRE DE L'AGRICULTURE.

Direction de l'Agriculture

ÉTENDUE MOYENNE DES CULTURES.

1°_TRÈS PETITE EXPLOITATION. 2°_PETITE EXPLOITATION. 3°_MOYENNE EXPLOITATION. 4°_GRANDE EXPLOITATION.

Album de Statistique Agricole

Pl. XX.

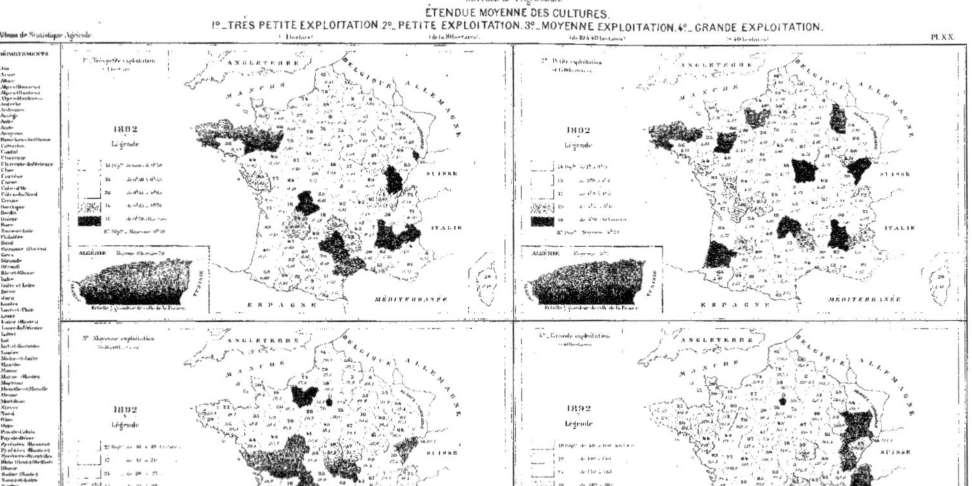

BIBLIOTHEQUE NATIONALE DE FRANCE
3 7502 01657556 7

www.ingramcontent.com/pod-product-compliance
Ingram Content Group UK Ltd.
Pitfield, Milton Keynes, MK11 3LW, UK
UKHW021908260726
13966UKWH00006B/1289